百搭领饰
随手织

乔兴菊 主编

BAIDA LINGSHI

SUISHOUZHI

辽宁科学技术出版社
·沈阳·

本书编委会

主 编　乔兴菊

编 委　廖名迪　贺梦瑶　宋敏姣　李玉栋

图书在版编目（CIP）数据

百搭领饰随手织 / 乔兴菊主编. -- 沈阳：辽宁科学技
术出版社，2014.8
　ISBN 978-7-5381-8563-8

　Ⅰ. ①百… Ⅱ. ①乔… Ⅲ. ①服饰—手工编织—图
解 Ⅳ. ① TS941.763.8-64

　中国版本图书馆 CIP 数据核字（2014）第 065397 号

如有图书质量问题，请电话联系
湖南攀辰图书发行有限公司
地址：长沙市车站北路 649 号通华天都 2 栋 12C025 室
邮编：410000
网址：www.penqen.cn
电话：0731-82276692　82276693

出版发行：辽宁科学技术出版社
　　　　　（地址：沈阳市和平区十一纬路 29 号　邮编：110003）
印 刷 者：湖南新华精品印务有限公司
经 销 者：各地新华书店
幅面尺寸：185mm × 260mm
印　　张：5.5
字　　数：100 千字
出版时间：2014 年 8 月第 1 版
印刷时间：2014 年 8 月第 1 次印刷
责任编辑：郭　莹　攀　辰
封面设计：攀辰图书
版式设计：丁晓华
责任校对：合　力

书　　号：ISBN 978-7-5381-8563-8
定　　价：26.80 元
联系电话：024-23284376
邮购热线：024-23284502

Contents 目录

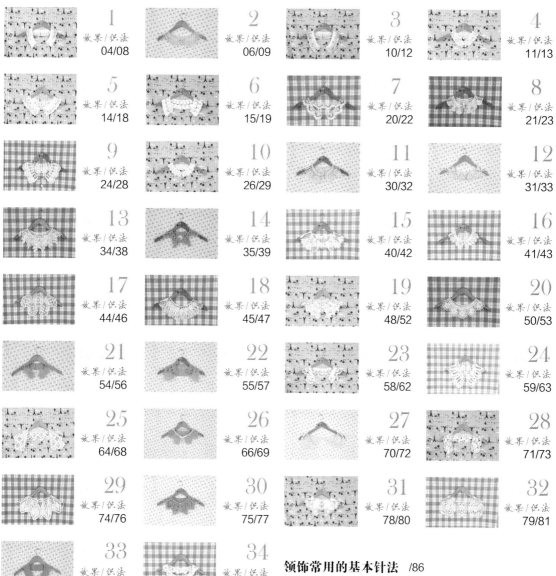

NO.1

编织图解 **08** 页

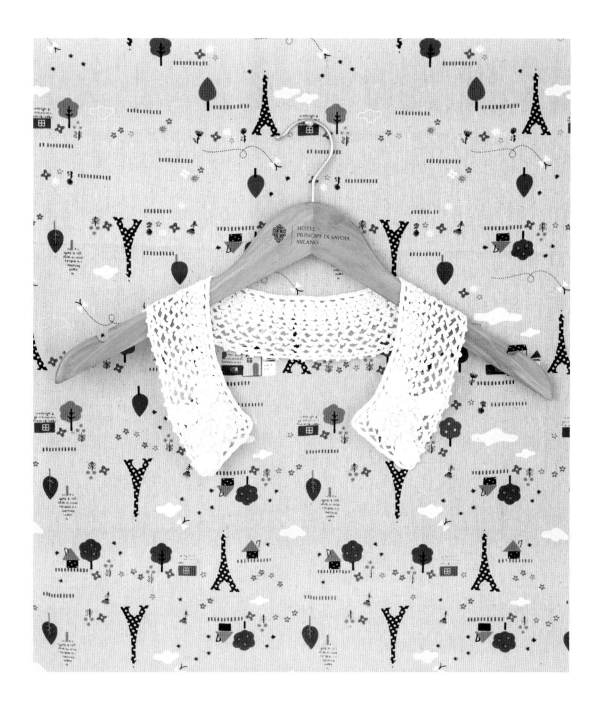

错落有致的方孔图案，简单大气，再用唯美花
朵作点缀，更显设计者的匠心独运。

NO.2
编织图解 09 页

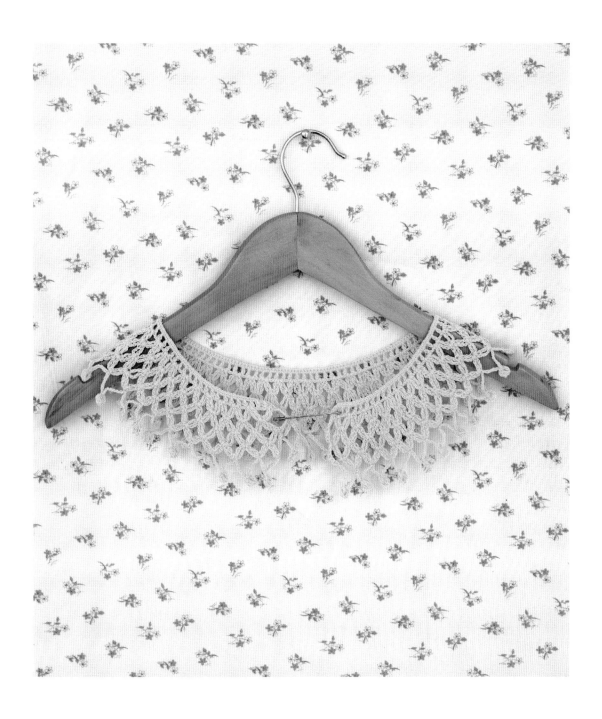

清新的绿色，简约的网格款造型，无不散发出
少女的浪漫气息。

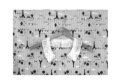

NO.1

【工具】可钩 3 号钩针　缝衣针 1 枚

【材料】5 号蕾丝线白色 65g

【成品尺寸】宽 6.5cm　内弧长 48cm

【作品详见】04 页

【钩织方法】

1. 用可钩 3 号钩针钩 160 针锁针，3 针 1 个花样，加上 1 针边针。

2. 按主体花样钩 13 段完成主体花。

3. 按叶子图解钩 6 片叶子。

4. 用手指绕线围成圈，在圈内钩 1 针短针、6 针锁针、1 针短针，重复 6 次，按花朵图解钩 2 个花朵。

5. 按结构图的提示将叶子和花朵用缝衣针分别缝合到主体花上完工。

花朵 2 个

断线

心

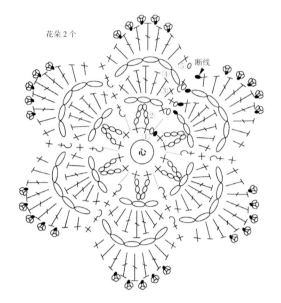

叶子 6 片

断线

起点
锁针（12 针）

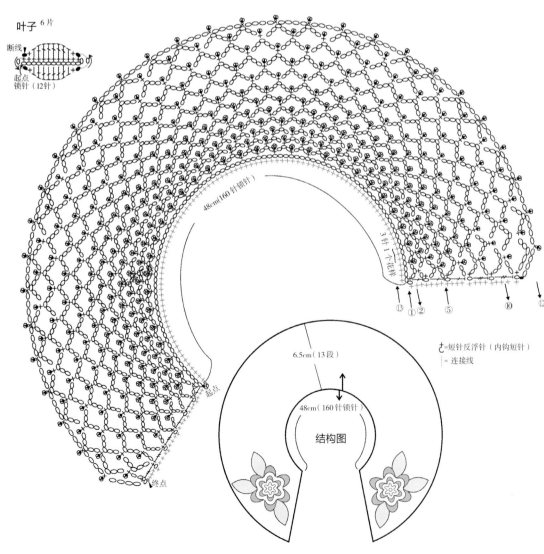

48cm（160 针锁针）

3 针 1 个花样

起点

终点

①②③⑤⑩⑫⑬

6.5cm（13 段）

48cm（160 针锁针）

结构图

Շ=短针反浮针（内钩短针）

│=连接线

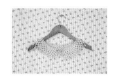 NO.2

【工具】可钩 3 号钩针

【材料】5 号蕾丝线果绿色 50g

【成品尺寸】宽 8cm 内弧长 50cm

【作品详见】06 页

【钩织方法】

1. 用可钩 3 号钩针钩 184 针锁针，4 针 1 个花样，加上两边
各 2 针边针。

2. 按图解钩 7 段后再钩 1 针短针完工。

= 钩 10 针锁针，在倒数第 3
针位置钩 5 针中长针的珠
针，再钩 3 针锁针、1 针引
拔针、7 针锁针。

= 在钩针上绕 4 次线的长针

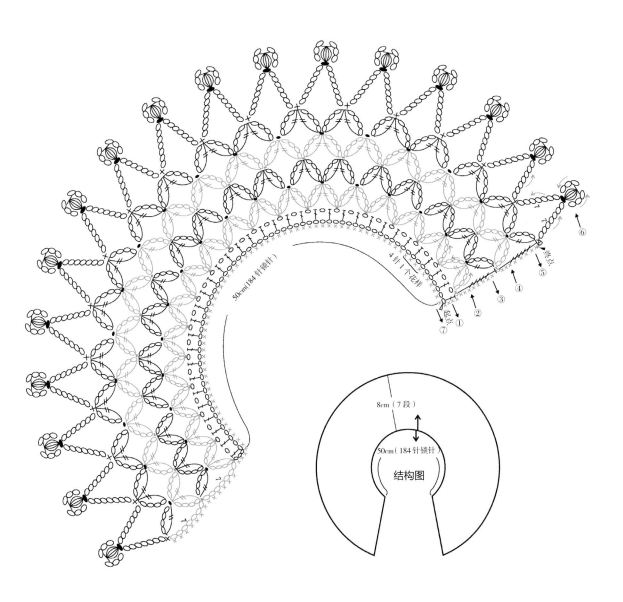

8cm（7 段）

50cm（184 针锁针）

结构图

NO.3
编织图解 **12** 页

NO.4

编织图解 13 页

NO.3

【工具】可钩 3 号钩针

【材料】5 号蕾丝线白色 55g

【成品尺寸】宽 7.5cm　内弧长 56cm

【作品详见】10 页

【钩织方法】

1. 用可钩 3 号钩针钩 192 针锁针，3 针 1 个花样。

2. 按图解钩 12 段，第 13 段是围绕整个花样钩 1 圈短针和狗牙针。

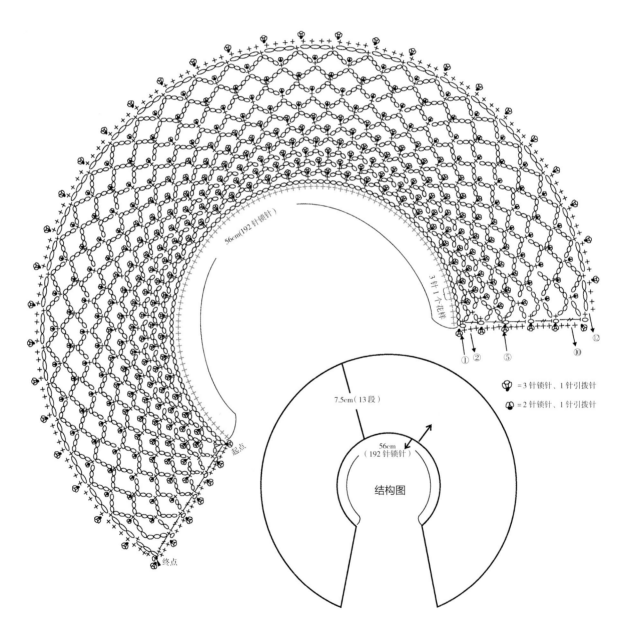

56cm（192 针锁针）

3 针 1 个花样

起点

终点

① ② ⑤ ⑩ ⑫

= 3 针锁针、1 针引拨针

= 2 针锁针、1 针引拨针

7.5cm（13 段）

56cm
（192 针锁针）

结构图

12

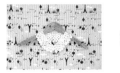

NO.4

【工具】可钩 3 号钩针　缝衣针 1 枚

【材料】5 号蕾丝线白色 40g　塑料小扣子 1 粒

【成品尺寸】宽 6cm　内弧长 46cm

【作品详见】11 页

【钩织方法】

1. 用可钩 3 号钩针钩 166 针锁针，18 针 1 个花样，排 9 个花样，加了两边各 2 针的边针。

2. 按图解钩 4 段后断线重新接线圈钩外弧花样。

3. 缝合上 1 粒塑料小扣子完工。

= 钩 8 针锁针，在倒数第 6 针锁针上引拔 1 针围成圈，并把线绕到织物的下方，在圈内钩 1 针短针、4 针锁针、1 针引拔针的狗边花 8 个。

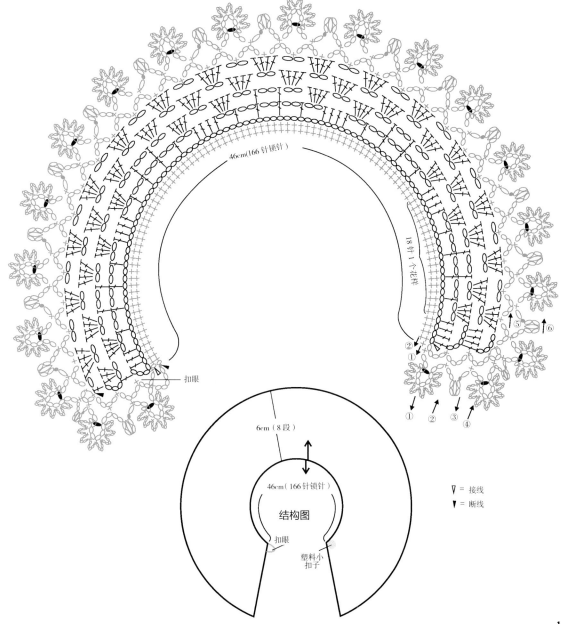

46cm（166 针锁针）

18 针 1 个花样

扣眼

6cm（8 段）

46cm（166 针锁针）

结构图

扣眼

塑料小扣子

▽ = 接线

▼ = 断线

NO.5
编织图解 18 页

NO.5
领饰的制作示范

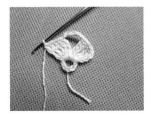

1. 钩 8 针锁针引拨围成圈，在圈内钩 4 针锁针立起、4 针长长针、5 针锁针、5 针长长针。

2. 钩 15 针锁针的辫子。

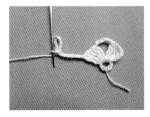

3. 在辫子的倒数第 8 针锁针引拨 1 针围成圈。

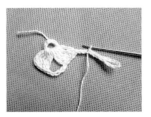

4. 在辫子的倒数第 9、10、11、12 针上分别引拨 1 针，并把线放到织物的下方。

5. 在圈内钩 4 针长长针、5 针锁针、5 针长长针，按步骤 2 到步骤 5 的方法钩 20 个未完成的花朵。

6. 第 20 个花朵，是在圈内钩 4 针长长针、5 针锁针、5 针长长针、5 针锁针、5 针长长针、3 针锁针、5 针长长针。

7. 如图钩 2 针锁针、1 针短针、2 针锁针。

8. 在未完成的花朵里钩 5 针长长针、3 针锁针、5 针长长针、2 针锁针、1 针短针、2 针锁针。

9. 重复步骤 8 的方法钩回到第 1 个未完成的花朵上，在第 1 个花朵上钩 5 针长长针、3 针锁针、5 针长长针、5 针锁针，与第 1 个花朵的 4 针立起针引拨 1 针完成花朵的第 1 圈。

10. 开始钩花朵的第 2 圈，钩 4 针锁针立起，钩 4 针长长针的并针。

11. 如图钩 8 针锁针、1 针短针、8 针锁针、10 针长长针的并针、8 针锁针。

12. 按步骤 11 的方法钩到第 20 个未完成的花朵上。

13. 第 20 个花朵是钩完 10 针长长针的并针后钩 8 针锁针、1 针短针、8 针锁针、5 针长长针的并针、5 针锁针、1 针短针、5 针长针的并针。

14. 钩 5 针锁针、1 针短针、10 针长针的并针、5 针锁针、1 针短针、5 针锁针。

15. 重复步骤 14 的方法回到第 1 个花朵上钩 5 针锁针、1 针短针、5 针锁针，与第 1 个花朵第 2 圈的 4 针立起针引拨，完成第 2 圈。

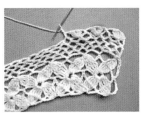

16. 按图解方法钩鱼网针及边边的花样。

17. 完成后的领边作品图。

NO.6
领饰的制作示范

1. 用手指绕线围成圈，在圈内钩1针锁针立起、6针短针、1针引拨针，在第1针短针上钩3针锁针，在第2针短针上钩4针长针的松叶针，再钩3针锁针，在第3针短针上钩1针短针，按此方法在第1、3、5针短针上钩短针，在第2、4、6针短针上钩松叶针，中间用3针锁针连接。

2. 把织片翻过来，在第1、3、5针短针上钩短针，中间用4针锁针连接，形成3个鱼网针。

3. 在第1个鱼网针上钩3针锁针、5针长针、3针锁针、1针短针、3针锁针、5针长针、3针锁针、1针短针。

4. 按步骤3的方法钩完这1圈，完成第1个花朵断线。

5. 按步骤1到步骤4的方法钩2个花朵，第2个花朵在第1个鱼网针上钩5针长的松叶针时与第1个花朵用引拨针连接第1个点。

6. 在鱼网上钩第2个松叶针时，用引拨针与第1个花朵的连接第2个点。

7. 连接好的2个花朵效果图。

8. 按步骤1到步骤5的方法钩18个相连接的花朵。

9. 按图解上的方法钩上面的花样完成整个领边花。

10. 完成后的领边作品图。

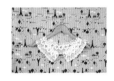

NO.5

【工具】可钩 3 号钩针

【材料】5 号蕾丝线白色 60g

【成品尺寸】宽 8.5cm 内弧长 60cm

【作品详见】14 页

【钩织方法】

1. 用可钩 3 号钩针钩 8 针锁针、1 针引拨针围成圈,在圈内钩 4 针锁针、4 个长长针的松叶针,再钩 5 针锁针后钩 5 个长长针的松叶针。

2. 钩 15 针锁针,在倒数第 8 针处引拨 1 针围成圈,在倒数第 9 到 12 针处引拨 4 针后开始钩第 2 个不完整的小花朵。

3. 按图解钩好 20 个小花朵,钩完 4 段鱼网针后钩 1 段花边断线。

4. 按图解提示重新接线钩内弧及狗牙边。

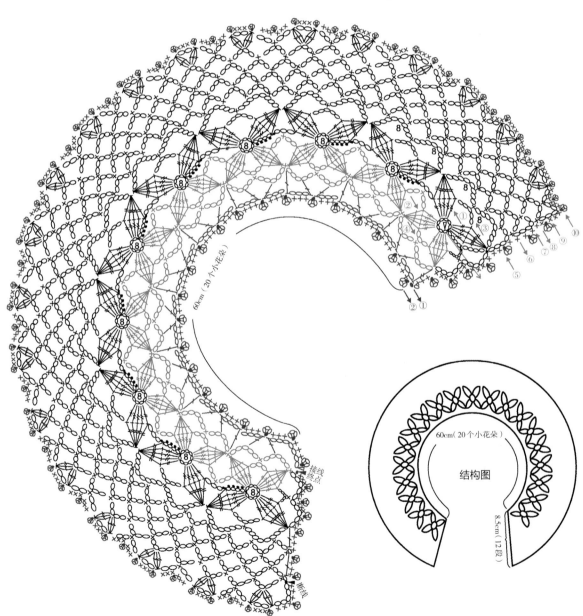

NO.6

【工具】可钩 3 号钩针

【材料】5 号蕾丝线白色 65g

【成品尺寸】宽 8cm 内弧长 50cm

【作品详见】15 页

【钩织方法】

1. 用可钩 3 号钩针按小花图解钩小花朵 18 个，并把花朵用引拨针连接起来。

2. 按图解的方法从第 2 段钩至第 11 段。

3. 最后钩外弧第 12 段完工。

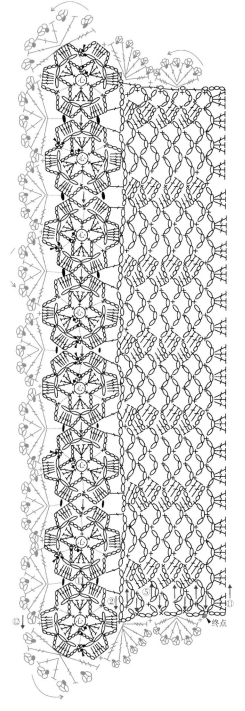

= 三卷长针

= 长长针

▽ = 接线

▼ = 断线

小花朵图解

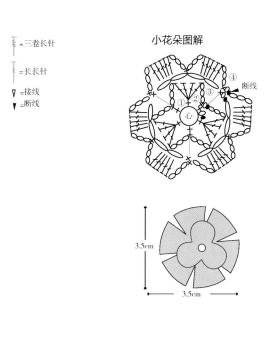

3.5cm

3.5cm

18 个小花连接

8cm

50cm

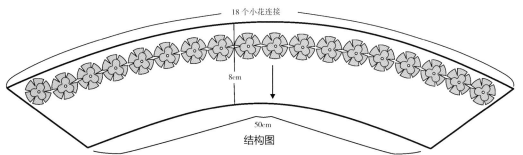

结构图

NO. 7
编织图解 22 页

NO. 7

【工具】可钩 3 号钩针

【材料】5 号蕾丝线白色 35g

【成品尺寸】宽 5.5cm 内弧长 60cm

【作品详见】20 页

【钩织方法】

1. 用可钩 3 号钩针钩 241 针锁针，24 针 1 个花样，
排 10 个花样，1 针边针。

2. 按图解钩 4 段后在内侧钩 1 圈短针完工。

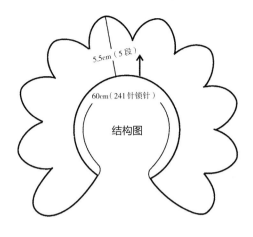

5.5cm（5 段）

60cm（241 针锁针）

结构图

= 连接线

= 绕 4 次线长针的并针

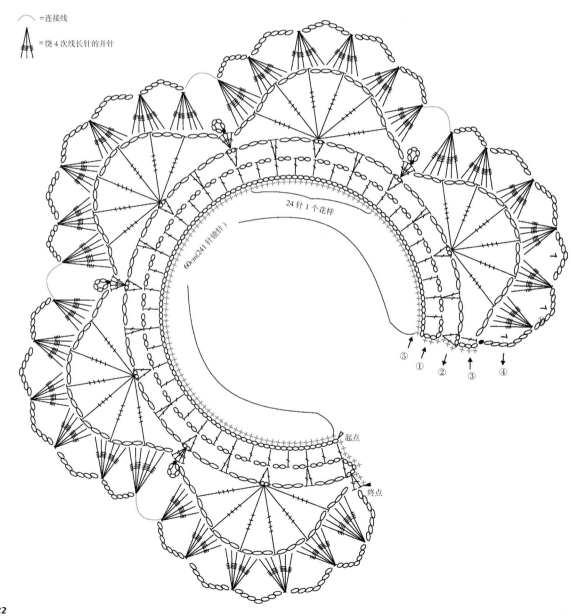

24 针 1 个花样

60cm(241 针锁针)

起点

终点

⑤ ① ② ③ ④

NO.8

【工具】可钩 3 号钩针
【材料】5 号蕾丝线白色 40g
【成品尺寸】宽 8cm　内弧长 45cm
【作品详见】21 页
【钩织方法】

1. 用可钩 3 号钩针钩 160 针锁针，13 针 1 个花样，排 12 个鱼网的花样，加了两边各 2 针的边针。

2. 按图解钩 6 段断线完工。

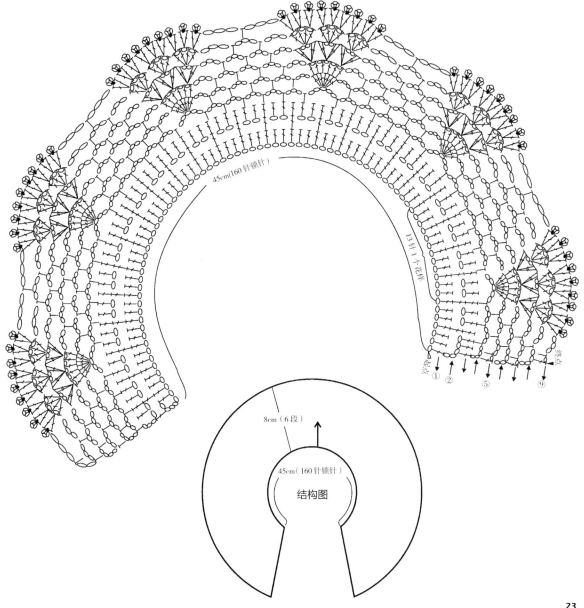

45cm（160 针锁针）

13 针 1 个花样

①　②　⑤　⑨

8cm（6 段）

45cm（160 针锁针）

结构图

NO.9
编织图解 28 页

整齐的镂空连接重叠的荷叶边，衬托出女性柔
美气质，系蝴蝶结的搭配，更添一丝甜美味道。

花朵图案拼接，如同盛放的小野菊，带给你春天的浪漫与活力。

NO. 9

【工具】可钩 3 号钩针

【材料】5 号蕾丝线白色 50g

【成品尺寸】宽 9cm 内弧长 60cm

【作品详见】24 页

【作品详见】24 页

【钩织方法】

1. 用可钩 3 号钩针钩 193 针锁针，16 针 1 个花样，排 12 个花样，加上 1 针边针共 193 针锁针。

2. 按图解钩完第 9 段花样完成第 1 层花瓣断线。

3. 按图解的指示从第 4 段花样上另接线钩第 2 层花瓣。

4. 钩带子，先起针钩 100 针锁针再钩 1 个小花瓣完成后，引拨钩完 100 针锁针，在领边的起针锁针上钩短针，钩完短针再钩 100 针锁针和小花瓣，引拨完这 100 针锁针后断线完工。

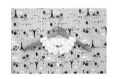

NO. 10

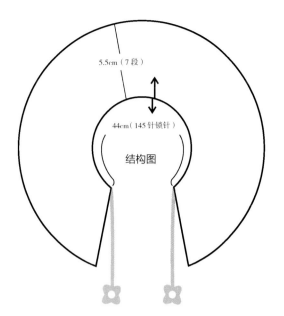

5.5cm（7段）

44cm（145针锁针）

结构图

【工具】可钩 3 号钩针

【材料】5 号蕾丝线白色 30g

【成品尺寸】宽 5.5cm　内弧长 44cm

【作品详见】26 页

【钩织方法】

1. 用可钩 3 号钩针钩 145 针锁针，8 针 1 个花样，排 18 个花，
1 针边针。

2. 按图解钩完 6 段后钩带子和第 7 段狗牙边。

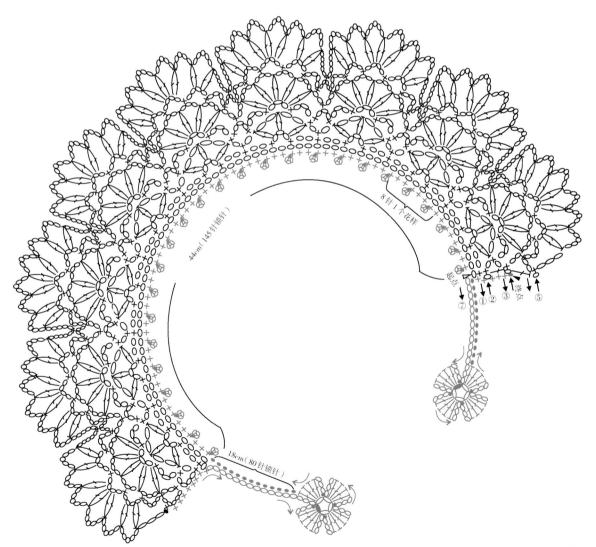

44cm（145针锁针）

8针1个花样

18cm（80针锁针）

① ② ③ ④ ⑤

⑦

NO.11
编织图解 32 页

NO.12

编织图解 33 页

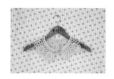

NO. 11

【工具】可钩 3 号钩针　织缝衣针 1 枚
【材料】5 号蕾丝线果绿色 45g　塑料小扣子 1 粒
【成品尺寸】宽 10cm　内弧长 48cm
【作品详见】30 页

【钩织方法】

1. 用可钩 3 号钩针钩 10 针锁针围成圈钩单元花图解，用一线连的方式织 9 朵不完整的单元花后，再把所有的单元花钩完整。
2. 按图解钩内弧边 4 段。
3. 缝上 1 粒塑料小扣子完工。

= 钩 1 针引拨针、3 针锁针、3 针长针的枣形针

= 钩 4 针长长针的枣形针

= 长针 1 针交叉针

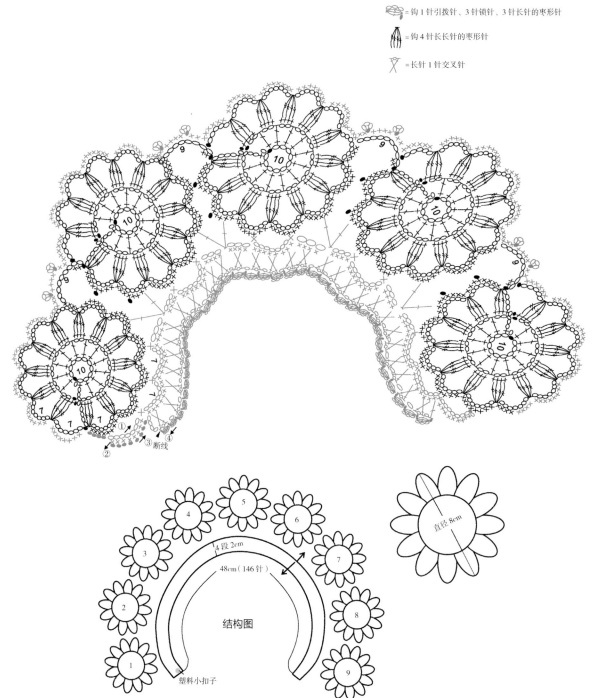

结构图

直径 8cm

4 段 2cm
48cm（146 针）

塑料小扣子

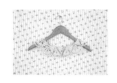

NO. 12

【工具】可钩 3 号钩针

【材料】5 号蕾丝线果绿色 50g

【成品尺寸】宽 7.5cm 内弧长 50cm

【作品详见】31 页

【钩织方法】

1. 用可钩 3 号钩针钩 163 针锁针, 18 针 1 个花样, 排 9 个花样, 加 1 针边针。

2. 按图解钩完 9 段后, 再钩 1 圈狗边针完工。

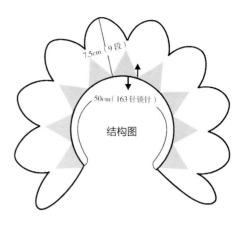

7.5cm（9 段）

50cm（163 针锁针）

结构图

50cm（163 针锁针）

18 针 1 个花样

起点

终点

⑨ ① ② ⑤ ⑧

NO. 13
编织图解 38 页

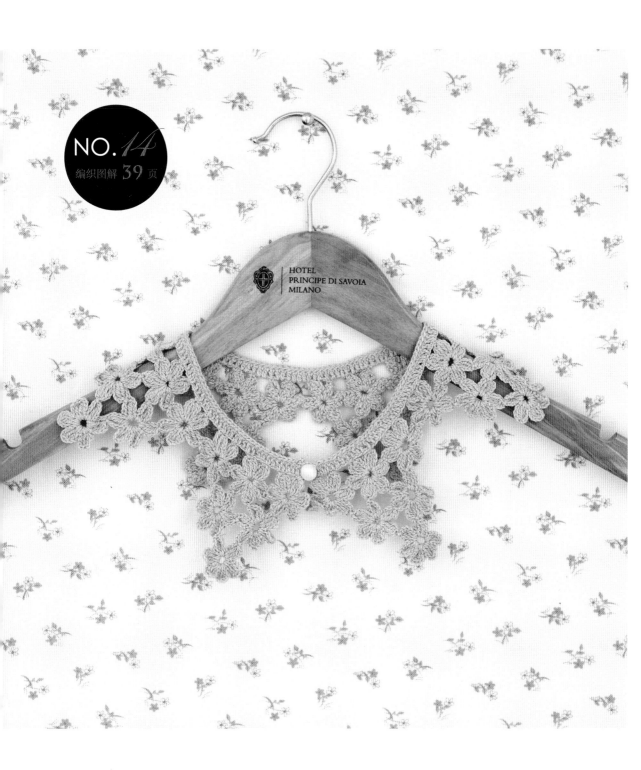

NO. *14*

编织图解 **39** 页

NO. 13
领饰的制作示范

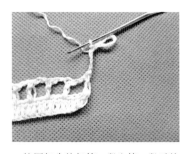

1. 按图解先钩好第1段和第2段后钩15针锁针，在倒数第8针位置上引拨1针围成圈，并在倒数第9针和第10针上分别引拨针，并把线放到织物的下面。

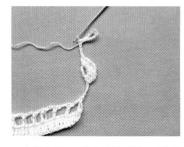

2. 在圈内钩11针中长针后钩15针锁针，在倒数第8针位置上引拨1针围成圈，并在倒数第9针和第10针上分别引拨针，并把线放到织物的下面。

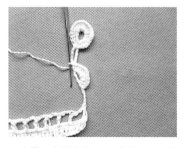

3. 在第2个圈内钩21针中长针、1针引拨针，完成1个小圆圈花朵，再钩5针锁针、1针引拨针与第1个未完成的花朵相连。

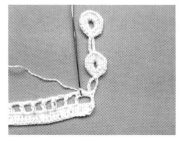

4. 在第1个未完成的花朵里钩10针中长针、1针引拨针，完成整个花朵后钩5针锁针、1针引拨针、2针短针，完成第1条的2个花朵。

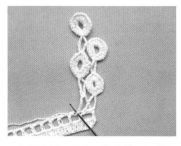

5. 如图钩第2条的2个花朵，注意与第1条花朵的相连接。

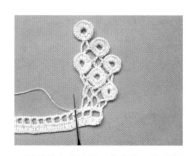

6. 同样的方法钩第3条花朵，注意每条花朵的位置。

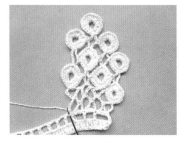

7. 钩第4条花朵，第4条花朵与第2条的花朵位置是在同高的位置上，每4个花朵形成1个花样。

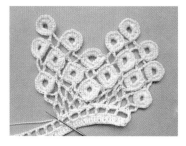

8. 完成2个花样的效果，钩好14个花样后再把第1条的花朵重复钩1条完成收边。

9. 完成后的领边作品图。

NO. *14*
领饰的制作示范

1. 钩6针锁针引拨围成圈，再钩2个4针锁针、2针长长针、4针锁针、1针引拨针的小花瓣，第3个小花瓣只钩4针锁针、2针长长针。

2. 钩10针锁针，在倒数第6针上引拨围成圈，并把线从织物的上方移到下方，开始钩第2个花朵。

3. 按前面的方法钩自己所需花边的长度，3个小花朵组成1个三角形。

4. 最后1个花朵钩5个完整的花瓣后，钩4针锁针、2针长长针，把钩针插入前1个花朵的第3个花瓣的顶部引拨。

5. 钩4针锁针在圈内引拨后钩完所有的花瓣。

6. 如图在第1个花朵上钩第4个不完整的花瓣，再钩10针锁针在倒数第6针引拨围成圈后，把线从织物的右边移到左边钩第2层花朵。

7. 第2层的第1个花朵的第1个花瓣与第1层的第2个花朵的第5个花瓣引拨连接。

8. 第2层的第2个花朵的第1个花瓣与第1层的第2个花朵的第4个花瓣引拨连接。

9. 第2层的第2个花朵的第2个花瓣与第1层的第3个花朵的第5个花瓣引拨连接。

10. 钩完剩下的第2层花朵，按同样的方法钩第3层花朵。

11. 第3层的花朵第1个花瓣与第2层的第2个花朵的第5个花瓣引拨连接后完成剩下的花瓣，并把第2层剩下的也钩完整回到第1层。

12.9个花朵组成的小三角形完成，6个小三角形成一个领边花。如此重复步骤完成整个领边作品。

NO. 13

【工具】可钩 3 号钩针　缝衣针 1 枚

【材料】5 号蕾丝线白色 80g　塑料扣子 1 粒

【成品尺寸】宽 10cm　内弧长 50cm

【作品详见】34 页

【钩织方法】

1. 用可钩 3 号钩针钩 169 针锁针，12 针 1 个花样，钩 14 个花样，加 1 针边针。

2. 按图解钩好前面 2 段后，第 3 段的详细钩法见步骤图。

3. 钩完所有的花样后，最后钩 2 针引拔针、5 针锁针的扣眼，缝合上塑料扣子完工。

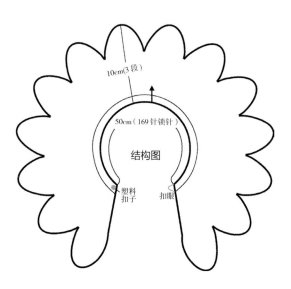

结构图

10cm（3 段）

50cm（169 针锁针）

塑料扣子

扣眼

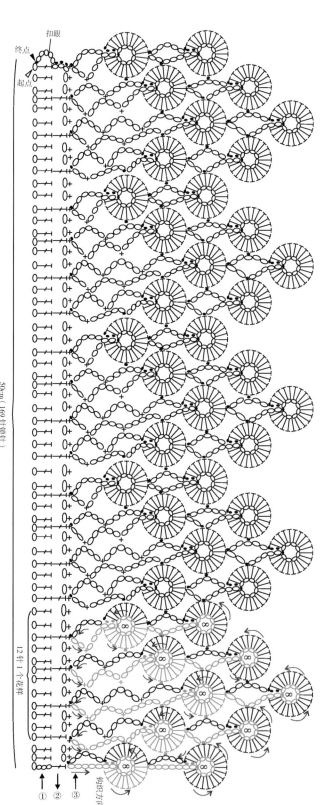

NO.14

【工具】可钩3号钩针　缝衣针1枚

【材料】5号蕾丝线血牙红色55g　塑料小扣子1粒

【成品尺寸】宽8.5cm　内弧长44cm

【作品详见】35页

【钩织方法】

1. 用可钩3号钩针钩3针锁针、1针引拨针围成圈，在圈内钩4针、2针长长针、4针锁针、1针引拨针的珠针花瓣2个，在钩1半个花瓣后钩10针锁针，从倒数第6针处引拨1针围成圈开始钩第2个不完整的小花朵。

2. 3个小花朵形成一个小组，所以钩花朵要钩3的倍数。

3. 按图解补充好所有的小花朵后断线。

4. 按图上所示重新接线钩1针短针、4针锁针。在4针锁针上钩4针长针，最后钩6针锁针、1针引拨针的扣眼断线。

5. 缝合上塑料小扣子完工。

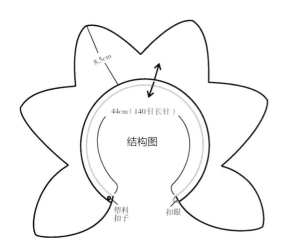

NO.*15*

编织图解 42 页

NO.16
编织图解 43 页

NO. 15

【工具】可钩 3 号钩针

【材料】5 号蕾丝线白色 70g

【成品尺寸】宽 12cm　内弧长 48cm

【作品详见】40 页

【钩织方法】

1. 用可钩 3 号钩针钩 180 针锁针，14 针 1 个花样，排 11 个花样，两边边针各 13 针。

2. 按图解钩 15 段完工。

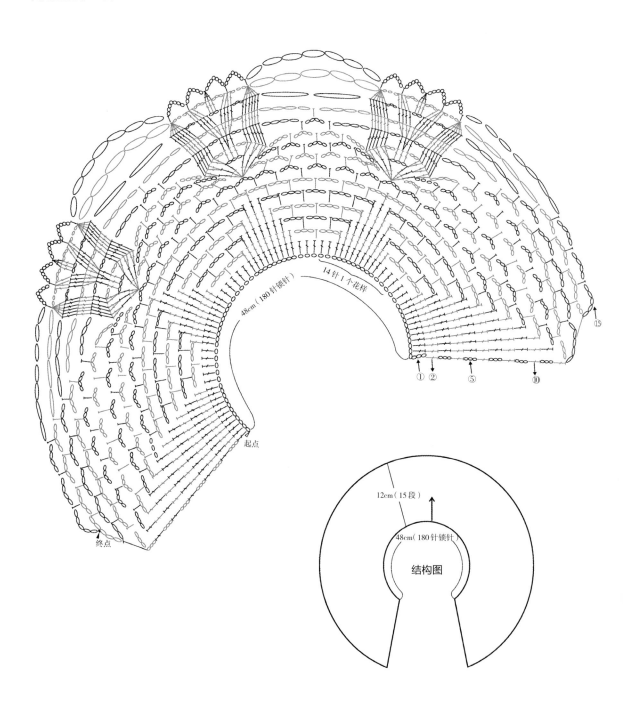

48cm（180 针锁针）

14 针 1 个花样

① ② ⑤ ⑩ ⑮

起点

终点

12cm（15 段）

48cm（180 针锁针）

结构图

NO. *16*

【工具】可钩 3 号钩针　缝衣针 1 枚

【材料】5 号蕾丝线白色 35g　塑料扣子 1 粒

【成品尺寸】宽 8cm　内弧长 44cm

【作品详见】41 页

【钩织方法】

1. 用可钩 3 号钩针钩 162 针锁针，8 针 1 个花样，排 20 个花样，加上两边各 1 针边针。

2. 按图解钩至 12 段后在两边钩短针，内弧钩长针正浮针和锁针。

3. 缝合上塑料扣子完工。

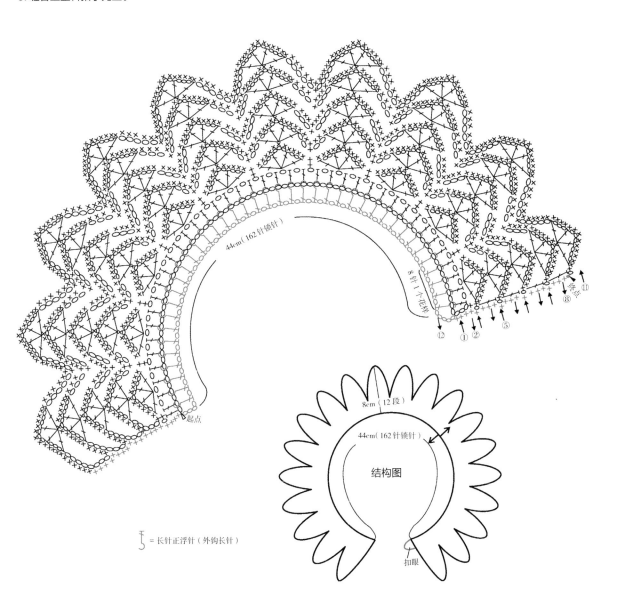

= 长针正浮针（外钩长针）

NO.18
编织图解 47 页

NO.17

【工具】可钩3号钩针

【材料】5号蕾丝线白色60g

【成品尺寸】宽12cm 内弧长45cm

【作品详见】44页

【钩织方法】

1.用可钩3号钩针钩161针锁针，23针1个花样，排7个花样。

2.按图解钩完第8段后，从第9到第16段钩完第1个花样后断线，第2个花样，按图解提示从第8段上重新接线钩，按此方法钩完7个花样。

3.在起针的锁针上钩短针完工。

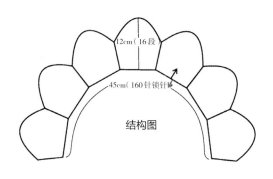

12cm（16段）

45cm（160针锁针）

结构图

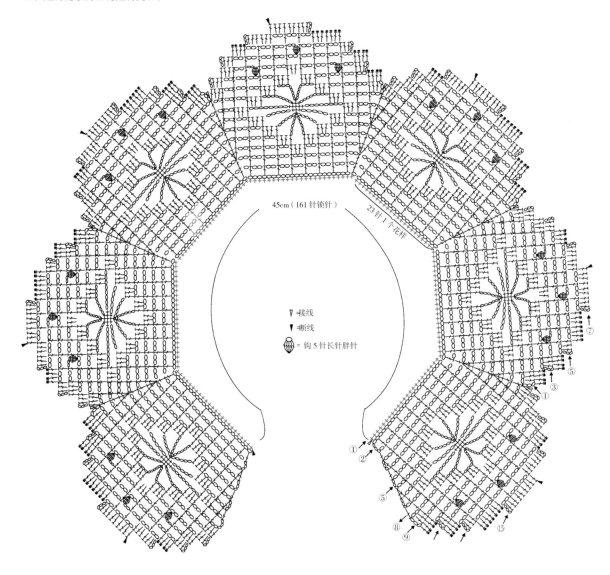

45cm（161针锁针）

23针1个花样

▽=接线

▼=断线

= 钩5针长针胖针

NO. *18*

【工具】可钩 3 号钩针

【材料】5 号蕾丝线白色 55g

【成品尺寸】宽 12cm 内弧长 54cm

【作品详见】45 页

【钩织方法】

1. 用可钩 3 号钩针钩 160 针锁针，首尾用引拨针相连围成圈，10 针 1 个花样，排 16 个花样。

2. 按图解提示钩 11 段断线。

3. 从内弧起针处接线钩短针和狗牙边断线完工。

NO. *19*

编织图解 **52** 页

NO.20

编织图解 53 页

NO.20
领饰的制作示范

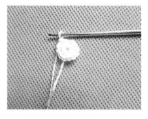

1. 手指绕线围成圈，在圈内钩1针锁针立起、12针短针、1针引拨首尾相接。

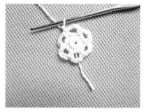

2. 在12针短针上钩1针短针、3针锁针的网格6个。

3. 在每个网格上钩1针短针、1针中长针、3针长针、1针中长针、1针短针，完成6个小花瓣。

4. 在织物的反面钩1针短针反浮针、5针锁针的网格6个。

5. 在每个网格上钩1针短针、1针中长针、5针长针、1针中长针、1针短针。

6. 在钩织方向的反方向钩1针短针、7针锁针的网格6个，注意最后1个网格是5针锁针、1针中长针。

7. 按图解钩1个3针锁针狗牙花针、5针锁针的网格8个。

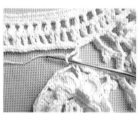

8. 第8个狗牙花用2针锁针、1针引拨针与主体相连接后再钩2针锁针。

9. 4个狗牙花与主体相连接的效果。

10. 用1针长长长针连接主体与花朵。

11. 用1针长针连接与第1个狗牙花。

12. 钩7针锁针、1针短针的网格8个，再钩5针锁针与主体相连接。

13. 再折回钩短针和狗牙花，狗牙花与上1个花朵的狗牙花引拨相连接。

14. 3个连接点的效果。

15. 结束这1圈回到主体断线完成1个花朵及与主体的连接，按上面方法钩10个花朵，注意最后1个花朵与第1个花朵的连接点。

16. 完成后的领边作品图。

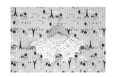

NO. *19*

【工具】可钩 3 号钩针

【材料】5 号蕾丝线白色 50g

【成品尺寸】宽 12cm 内弧长 48cm

【作品详见】48 页

【钩织方法】

1. 用可钩 3 号钩针钩 161 针锁针，12 针 1 个花样，排 13 个花样，加上边针 5 针，按图解钩到 14 段后断线。

2. 从起头位置接线在锁针上钩 1 行短针断线。

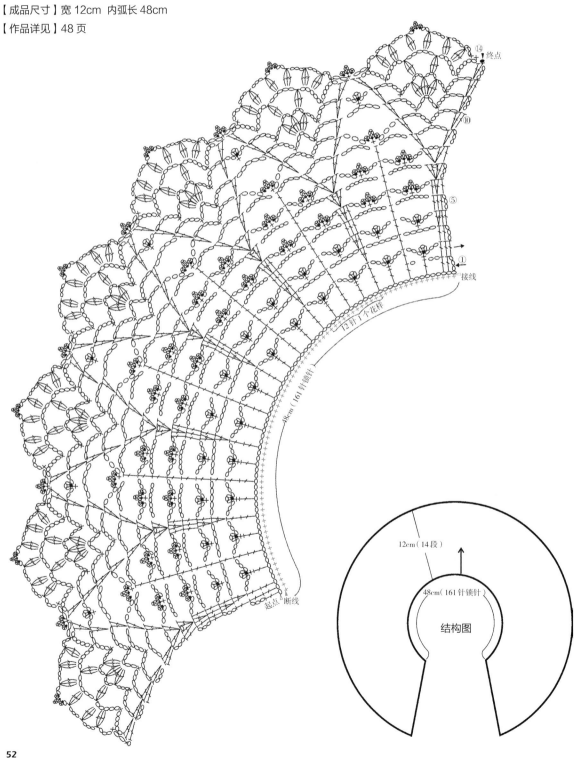

结构图

12cm（14 段）

48cm（161 针锁针）

NO.20

【工具】可钩 3 号钩针　缝衣针 1 枚
【材料】5 号蕾丝线白色 65g　塑料珠子 10 粒
【成品尺寸】宽 8.5cm 内弧长 54cm
【作品详见】50 页

【钩织方法】

1. 用可钩 3 号钩针钩 180 针锁针、1 针引拨针围成圈，18 针 1 个花样，排 10 个花样。第 1 圈钩 1 针长针、1 针锁针重复钩完 1 圈后引拨结束，第 2 圈按图解每 18 针加 4 针的钩法，第 3 圈钩完 220 针短针后结束断线。

2. 按单元花图解钩单元花，单元钩到第 7 段时与主体花连接，具体操作方法可以参照详细步骤图。

3. 单元花连接好后，在内弧边上钩 1 圈短针和 1 圈短针的棱针编织。

4. 在每个单元花上缝上 1 粒塑料小珠子完工。

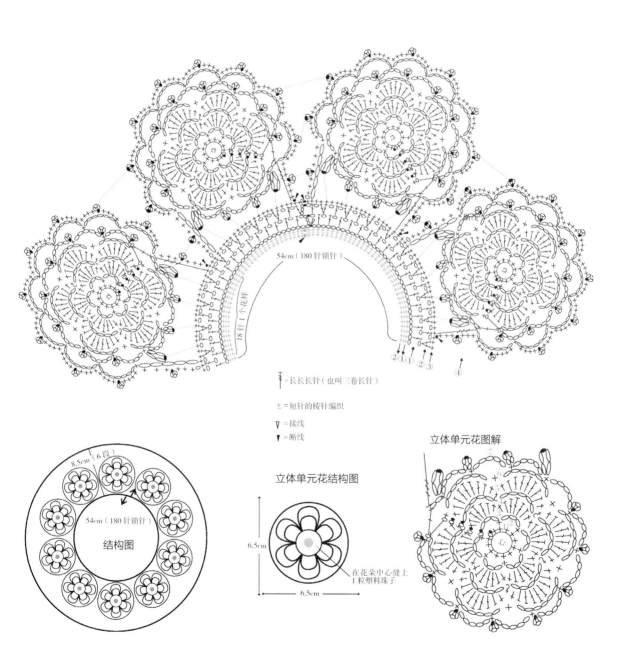

54cm（180 针锁针）

18 针 1 个花样

↑ ＝长长长针（也叫三卷长针）

± ＝短针的棱针编织

▽ ＝接线

▼ ＝断线

立体单元花结构图

立体单元花图解

结构图

8.5cm（6 段）

54cm（180 针锁针）

6.5cm

6.5cm

在花朵中心缝上 1 粒塑料珠子

NO.21
编织图解 56 页

蕾丝线的柔美质感，似花蕊般的独特设计，更
添小女人的迷人魅力。

 NO.*21*

【工具】可钩 3 号钩针

【材料】5 号蕾丝线裸金色 40g

【成品尺寸】宽 6.5cm 内弧长 42cm

【作品详见】54 页

【钩织方法】

1. 用可钩 3 号钩针钩 145 针锁针，16 针 1 个花样，排 9 个花样，加 1 针边针。

2. 按图解提示钩 8 段完工。

42cm（145针锁针）

16针1个花样

① ② ③ ④ ⑤ ⑥ ⑦ ⑧ 终点

终点

起点

6.5cm（8 段）

42cm（145 针锁针）

结构图

NO.22

【工具】可钩 3 号钩针

【材料】5 号蕾丝线裸金色 55g

【成品尺寸】宽 12cm 内弧长 42cm

【作品详见】55 页

【钩织方法】

1. 用可钩 3 号钩针钩 145 针锁针，6 针 1 个鱼网花，排 24 个花样，加 1 针边针。

2. 按图解钩 20 段后钩外弧花边，注意花边的钩织方向。

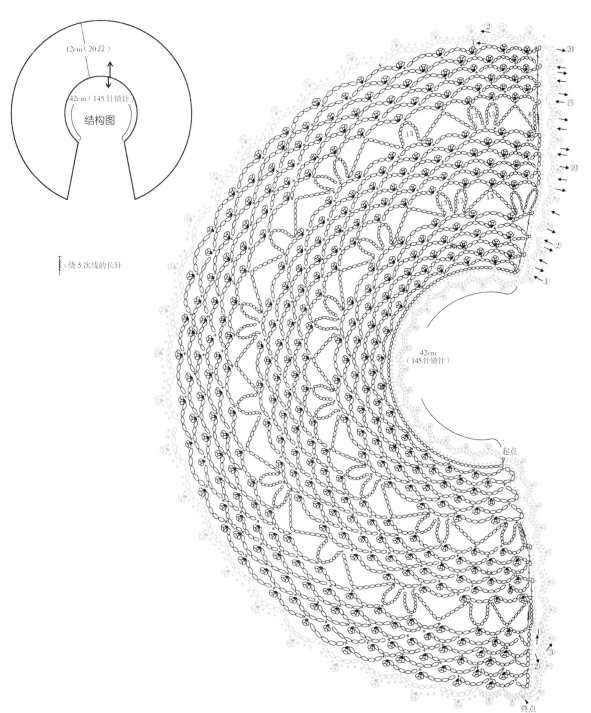

结构图

12cm（20 段）

42cm（145 针锁针）

= 绕 5 次线的长针

NO.23
编织图解 **62** 页

NO.24

编织图解 63 页

白色的浪漫蕾丝，总会是很多女孩的最爱，就
像装点着她们纯美的梦。

NO. 23
领饰的制作示范

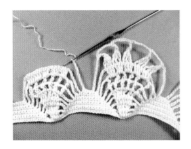

1. 钩 9 针锁针。

2. 线在钩针上绕 3 次。

3. 如图钩 1 针长长针。

4. 线在针上绕 2 次。

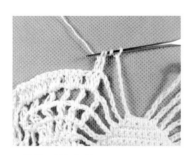

5. 钩第 2 针长长针。

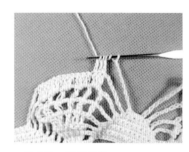

6. 钩完第 3 针长长针。

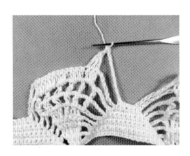

7. 把 3 针长长针并钩成 1 针后钩 1 针长针完工。

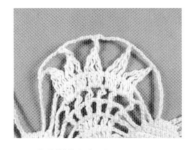

8. 一个花样就织好了。

9. 完成后的领边作品图。

NO. 24
领饰的制作示范

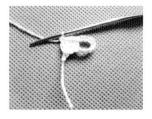

1. 钩10针锁针，从倒数第6针开始钩1针中长针、3针长针。

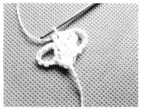

2. 再钩6针锁针、3针长针、1针中长针。

3. 按步骤2的方法钩8段带有4个小环的织物，再钩3针锁针。

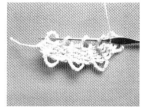

4. 把钩针穿过前面的4个小环。

5. 用1针短针把所有的小环连接起来。

6. 再钩3针锁针、1针中长针、3针长针，完成1个耳朵花样。

7. 再钩6针锁针、4针长针重复钩4段，外弧有6个小环的效果。

8. 钩第2个耳朵花样钩6针锁针、1针中长针、3针长针的8段。

9. 用同样的方法把4个小环用钩针穿起来钩1针短针、1针锁针、1针中长针、3针长针，完成第2个耳朵花样。

10. 钩6针锁针、4针长针、3针锁针、1针引拨针，与前面的小环连接。

11. 钩完6针锁针、4针长针的4段与前面的小环连接的效果。

12. 按上面的方法完成第3个耳朵花朵。

13. 注意小环的连接。

14. 如图钩好13个耳朵花样后按图解上的方法钩其他部分。

15. 完成后的领边作品图。

NO. 23

【工具】可钩 3 号钩针

【材料】5 号蕾丝线白色 50g

【成品尺寸】宽 12cm 内弧长 50cm

【作品详见】58 页

【钩织方法】

1. 用可钩 3 号钩针钩 184 针锁针，26 针 1 个花样，排 7 个花样，加上 2 针边针。

2. 按图解钩完 11 段后不断线钩第 12 段完工。

＝在钩针上绕 3 次线，先钩长长针 3 针并针后再钩 1 针长针，具体可见过程图

起点

终点

50cm（184 针锁针）

26 针 1 个花样

12cm（12 段）

50cm（184 针锁针）

结构图

NO.24

【工具】可钩 3 号钩针

【材料】5 号蕾丝线白色 70g

【成品尺寸】宽 13cm　内弧长 52cm

【作品详见】59 页

【钩织方法】

用可钩 3 号钩针钩 10 针锁针钩比利时耳朵花样，具体钩法见详细步骤图，钩 13 个比利时耳朵花样后，圈钩外弧花样完工。

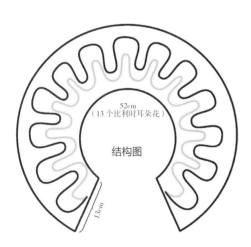

52cm
（13 个比利时耳朵花）

结构图

13cm

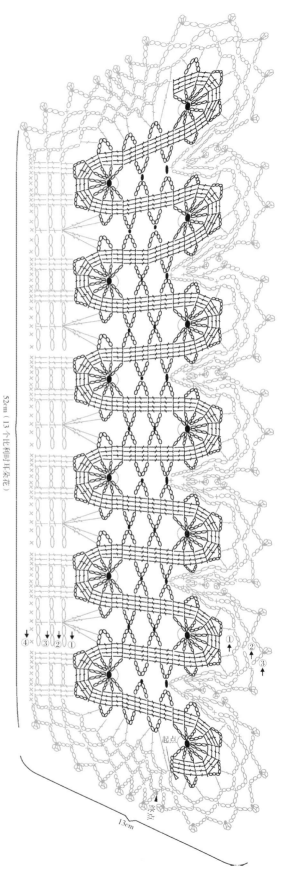

52cm（13 个比利时耳朵花）

13cm

起点

NO.25

编织图解 68 页

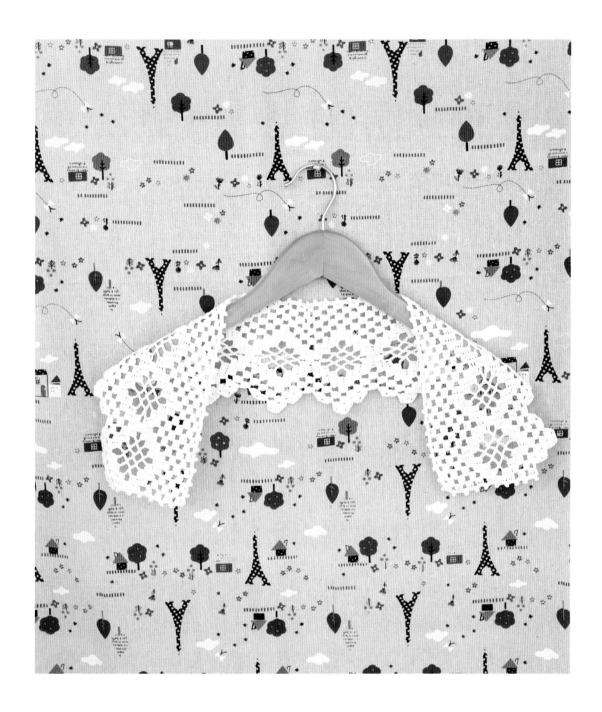

网格设计的披肩，让你重回优雅复古风。

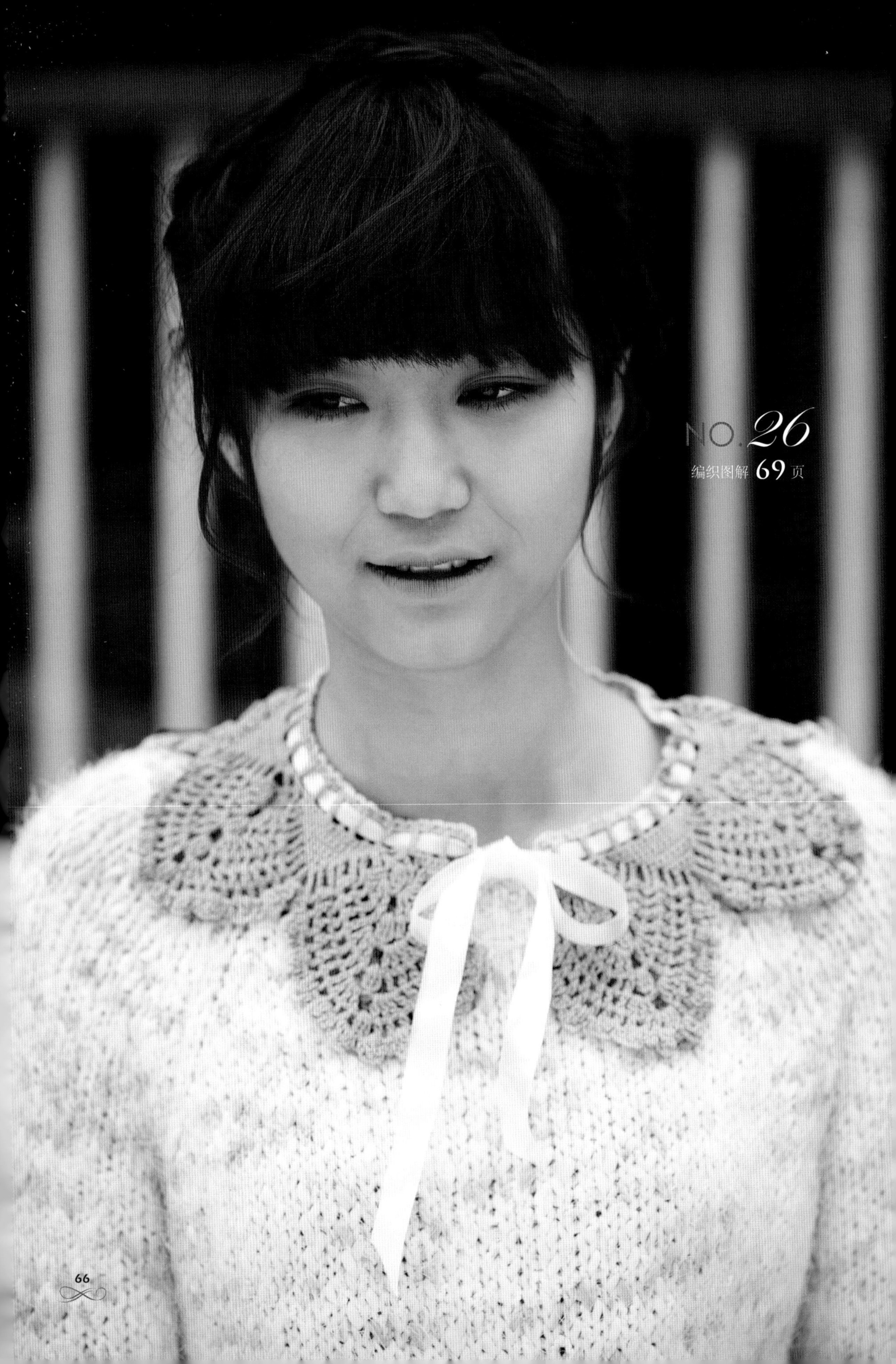

NO.26

编织图解 69 页

总烦恼如何改变 U 领上衣的单调搭配，这样的一款蕾丝领定能让你眼
前一亮。精致的图案，蝴蝶带的点缀，无论多基础的内搭，都可以风格大变。

NO. 25

【工具】可钩 3 号钩针

【材料】5 号蕾丝线白色 65g

【成品尺寸】宽 12cm 内弧长 64cm

【作品详见】64 页

【钩织方法】

1. 用可钩 3 号钩针钩 41 针锁针，按图解钩到第 9 段后重复钩织第 2 至第 9 段。

2. 钩到 81 段 10 个齿边花后钩狗牙边完工。

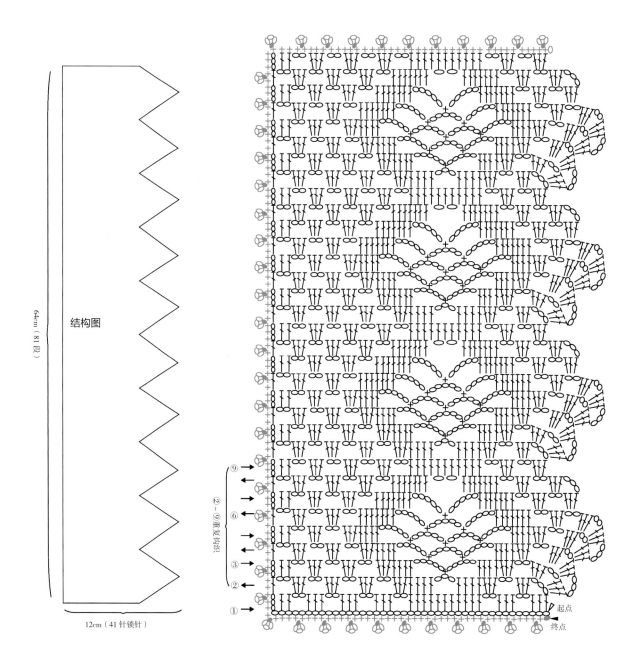

结构图

64cm（81 段）

12cm（41 针锁针）

②~⑨重复钩织

起点

终点

NO.26

【工具】可钩 3 号钩针

【材料】5 号蕾丝线裸金色 50g　白色丝带 1 根

【成品尺寸】宽 11cm　内弧长 50cm

【作品详见】66 页

【钩织方法】

1. 用可钩 3 号钩针钩 145 针锁针,18 针 1 个花样,钩 8 个花朵,加上 1 针边针。

2. 按图解钩到第 11 段断线。

3. 在锁针处另接线钩 1 行 3 针锁针的小花边断线。

4. 剪一段长 110cm、宽 1.5cm 的丝带,按图解的方式穿在第 1 段的长针上。

50cm(145 针锁针)

18 针 1 个花样

终点

接线

断线起点

丝带

11cm(11 段)

50cm(145 针锁针)

结构图

丝带
长 110cm
宽 1.5cm

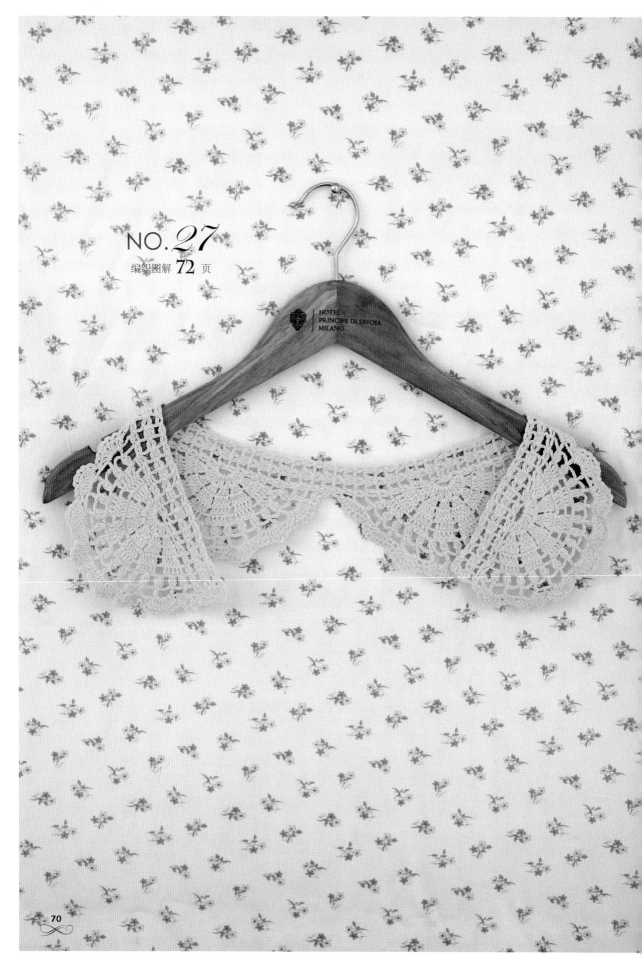

NO.27
编织图解 72 页

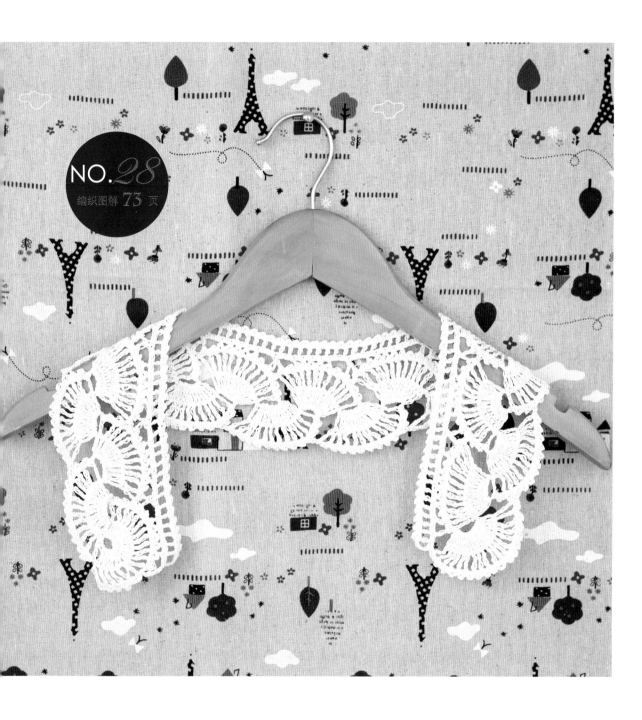

扇形的图案编织拼接，呈现出优雅的设计美感，搭配
在衣服上更显迷人气质。

NO. 27

【工具】可钩 3 号钩针

【材料】5 号蕾丝线果绿色 50g

【成品尺寸】宽 10cm 内弧长 62cm

【作品详见】70 页

【钩织方法】

1. 用可钩 3 号钩针钩 9 针锁针，按图解方法钩到第 12 段，从这段开始钩扇形的半圆花，一个半圆花是 20 段。

2. 钩到 80 段 4 个完整的半圆花后断线完工。

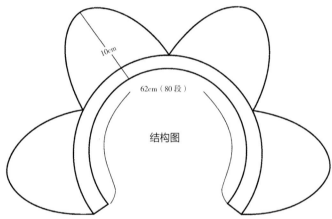

结构图

10cm

62cm（80 段）

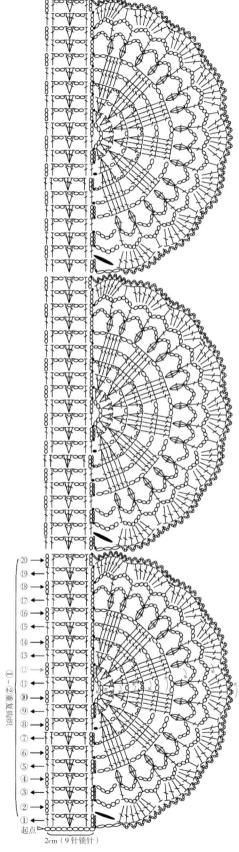

终点

①～②重复钩织

⑳⑲⑱⑰⑯⑮⑭⑬⑫⑪⑩⑨⑧⑦⑥⑤④③②①

起点

2cm（9 针锁针）

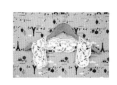

NO.28

【工具】可钩 3 号钩针

【材料】5 号蕾丝线白色 35g

【成品尺寸】宽 8cm 长 55cm

【作品详见】71 页

【钩织方法】

1. 用可钩 3 号钩针钩 11 针锁针、1 针引拨围成圈，在圈内钩 4 针锁针立起和 17 针长长针的扇形花。

2. 在第 1 个扇形花钩完最后 1 段狗牙边后按图解钩 7 针锁针、1 针短针与第 1 个扇形花连接围成圈，在圈内钩 4 针锁针立起和 12 针长长针的扇形花，从第 2 个扇形花到第 19 个扇形花都是 4 针锁针立起、12 针长长针的花样。

3. 第 20 个扇形花和第 1 个扇形花一样都是 4 针锁针立起和 17 个长长针的花样。

4. 钩完 20 个扇形花后不断线，按图解钩 3 段边边花样完工。

结构图

55cm

8cm

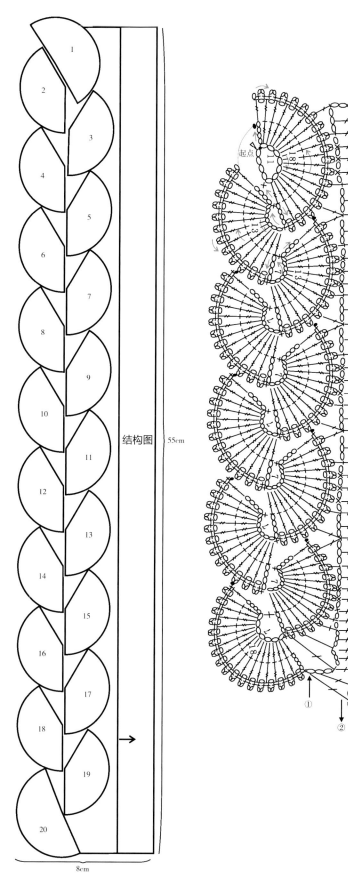

NO.29

编织图解 76 页

NO.*30*

编织图解 **77** 页

NO.29

【工具】可钩 3 号钩针

【材料】5 号蕾丝线白色 85g

【成品尺寸】宽 16cm 内弧长 44cm

【作品详见】74 页

【钩织方法】

1.用可钩 3 号钩针钩 154 针锁针,17 针 1 个花样,排 9 个花样,加 1 针边针。

2.按图解钩至 11 段后,从第 2 个花样开始从第 11 段重新接线钩花样。

3.重复操作钩完所有的花样完工。

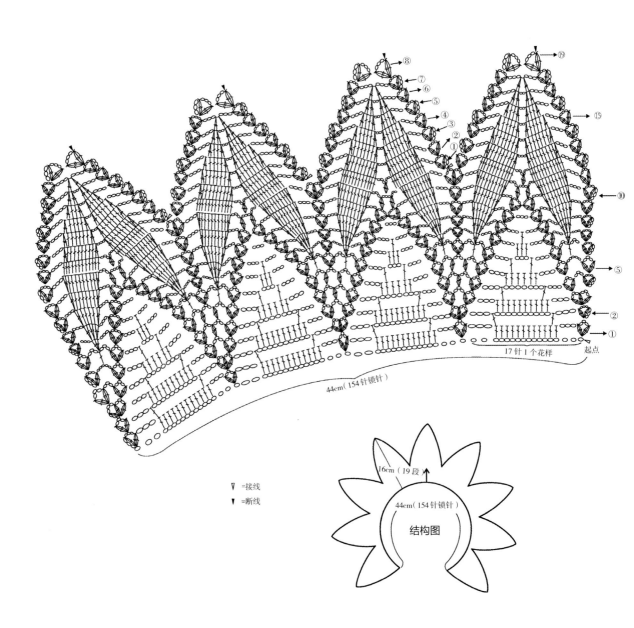

▽=接线

▼=断线

44cm(154针锁针)

17针 1 个花样

起点

16cm(19 段)

44cm(154针锁针)

结构图

NO. 30

【工具】可钩 3 号钩针　缝衣针

【材料】5 号蕾丝线血牙红色 55g　塑料小扣子 1 粒

【成品尺寸】宽 12cm　内弧长 48cm

【作品详见】75 页

【钩织方法】

1. 用可钩 3 号钩针钩 165 针锁针，16 针 1 个花样，排 10 个花样，加上 5 针锁针的边针。

2. 按图解钩至第 10 段后，其他 9 个花样暂停先钩第 1 个花样，再按图解上的接线位置接线钩 2 个花样，按此方法钩完所有的花样。

3. 在锁针起针处接线钩 4 段内弧花样，第 4 段花样围绕整个领边钩 1 圈。

4. 缝上 1 粒塑料小扣子完工。

NO.32
编织图解 **81** 页

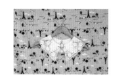 NO.*31*

【工具】可钩3号钩针

【材料】5号蕾丝线白色100g 塑料珠子17粒

【成品尺寸】宽11cm 内弧长44cm

【作品详见】78页

【钩织方法】

1. 用可钩3号钩针钩145针锁针，24针1个花样，排6个花样，加1针边针。

2. 按主体图解钩完17段后钩1圈短针和狗牙针。

3. 按花朵图解钩17个立体小花朵。

4. 把花朵按结构图提示缝合在主体花边上完工。

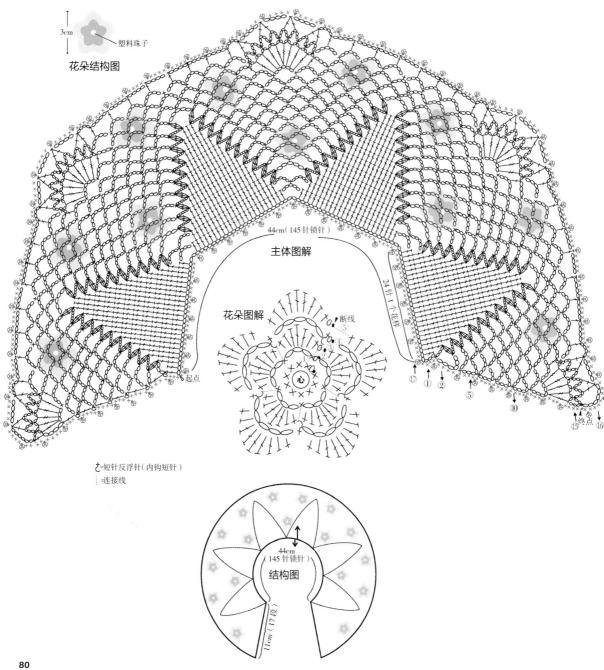

3cm

塑料珠子

花朵结构图

44cm（145针锁针）

主体图解

花朵图解 断线

24针1个花样

起点

心

乙=短针反浮针（内钩短针）

┤=连接线

44cm
（145针锁针）

结构图

11cm（17段）

NO.32

【工具】可钩 3 号钩针

【材料】5 号蕾丝线白色 50g

【成品尺寸】宽 17cm 内弧长 52cm

【作品详见】79 页

【钩织方法】

1. 用手指绕线围成圈，在圈内钩 14 针短针，按图解在短针上钩花样，钩完第 12 圈断线完成第 1 个单元花。

2. 重新起头钩第 2 个单元花，钩到第 12 圈时注意和第 1 个单元花的连接。

3. 钩好所需的单元花后断线，按图解在第 1 个单元上重新接线钩第 13 圈和第 14 圈完工。

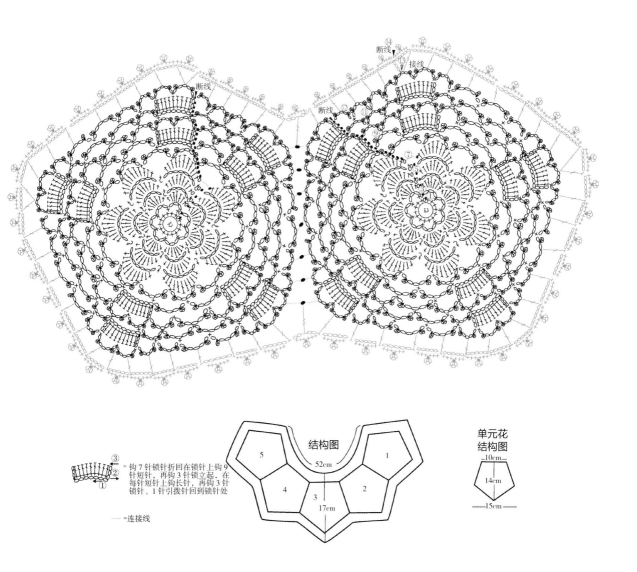

③
②
①
= 钩 7 针锁针折回在锁针上钩 9 针短针，再钩 3 针锁针立起，在每针短针上钩长针，再钩 3 针锁针、1 针引拔针回到锁针处

—— = 连接线

结构图

单元花结构图

5 1

4 3 2

52cm

17cm

—10cm—

14cm

—15cm—

NO.33
编织图解 84 页

NO.33

【工具】13 号棒针 2 根　可钩 3 号钩针

【材料】5 号蕾丝线血牙色 45g

【成品尺寸】宽 6.5cm　内弧长 52cm

【作品详见】82 页

【钩织方法】

1. 用钩针在 13 号棒针上起针，起 223 针，12
针 1 个花样，排 18 个花样，加上边针 7 针。

2. 按图解织到第 13 行时，按图解花样织法，
每个花样减掉了 2 针共减掉了 36 针，织到第
21 行时按图解花样的织法每个花样又减掉了
2 针，减掉了 36 针，针上还有 151 织到第
29 行，第 30 行织 1 行上针后平收掉完工。

3. 注意两边各 4 针的边针都是织起伏针的，1
行上针 1 行下针重复操作。

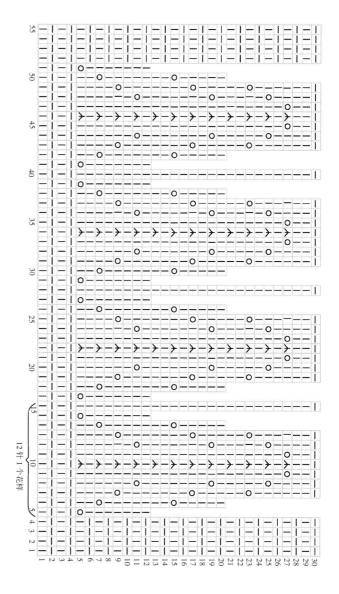

| ＝ 下针

— ＝ 上针

O ＝ 绕线加针

⋏ ＝3 针并 1 针

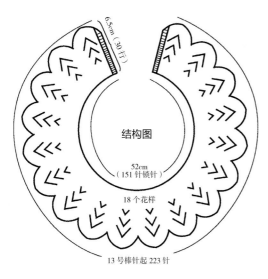

结构图

52cm
（151 针锁针）

18 个花样

13 号棒针起 223 针

NO.34

【工具】13号棒针4根　可钩3号钩针

【材料】5号蕾丝线白色45g

【成品尺寸】宽7cm　内弧长64cm

【作品详见】83页

【钩织方法】

1. 13号棒针起192针，16针1个花样，排12个花样。

2. 按图解圈织到第20圈后平收，然后用可钩3号钩针按图解钩边边花样。

3. 在内弧边边上接线按内弧边边花样图解钩狗牙边完工。

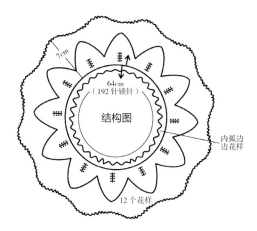

结构图

7cm

64cm
（192针锁针）

内弧边
边花样

12个花样

内弧边边花样

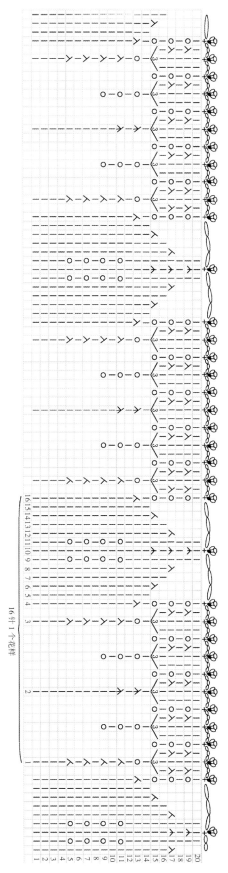

| | = 下针
○ = 绕线加针
人 = 左上2并1针
人 = 右上2并1针
人 = 右上3并1针
木 = 3针并1针
3 = 1针里加3针
□ = 方格是无针

领饰常用的基本针法

1. 锁针

样片正面　　　　　　样片反面

1. 先用钩针钩1个锁套。

2. 从挂在钩针上的1针中钩出线，就可以钩织好1针锁针。

3. 钩线，从挂在钩针的1针中钩出线，钩第2针锁针。

4. 重复钩住线并拉出的操作，继续钩织就形成了一条辫子。

2. 引拨针 （注意：这种针法一般用于收没有弹性的边边。）

样片

1. 钩针插入上一行上面锁针的2根线中。

2. 钩针挂上线并从2根线和针套中引拨出来。

3. 完成1针引拨针。

3. 短针

样片

1. 钩针插入前一行上面锁针的2根线中。

2. 从反面向前把线钩到钩针上。

3. 拉出1针锁针高度的线环。

4. 再把线钩到钩针上，一次引拨出穿在钩针上的2根线。

5. 短针钩织完成的效果。

4. 长针

样片

1. 线在钩针上绕 1 圈。

2. 绕好 1 圈线的钩针插入上一行锁针的 2 根线中，钩针挂上线。

3. 拉出 2 针锁针高度的线。

4. 钩针上挂上线。

5. 钩针从 2 个线套中拉出，并再次挂上线。

6. 钩针再一次性地从 2 个线套中拉出，完成 1 针长针。

5. 松叶针

样片

1. 钩 1 针长针，钩针挂上线，在同一处穿过，再把线钩出。

2. 在同一处钩第 2 针长针。

3. 在同一处钩第 3 针长针。

4. 在同一处钩第 4 针长针。

5. 在同一处钩第 5 针长针。

6. 钩 1 针短针（为下一行钩松叶针）完成松叶针。

6. 贝壳针

样片

1. 在同一处钩 2 针长针。

2. 中间钩 1 锁针。

3. 再在同一处钩 2 针长针，就完成了贝壳针。

7. 变化珠针

样片

1. 钩 5 针锁针立起，3 针锁针代表 1 针长针的立起，用 3 针中长针的要领在同一处钩未完成 3 针中长针。

2. 钩针绕线从 6 个线环中拉出。

3. 钩针绕线从 2 个线环中拉出，分为 2 次完成珠针。

8. 用 5 针中长针钩的胖针

样片

1. 钩 4 针锁针立起，2 针锁针代表 1 针中长针的立起。

2. 钩针在上一行的短针里钩 5 针中长针。

3. 拿下钩针，从前面插入第 1 针中长针和第 5 针中长针里。

4. 把第 1 针中长针和第 5 针中长针引拨出来。

5. 再钩 1 针锁针固定拉紧，就完成了 5 针中长针钩的胖针。